RENÉ PRIMEVÈRE LESSON

TRAITE D'ORNITHOLOGIE

OU

TABLEAU MÉTHODIQUE

DES ORDRES, SOUS-ORDRES, FAMILLES, TRIBUS
GENRES, SOUS-GENRES ET RACES D'OISEAUX

TOME II

Elibron Classics
www.elibron.com

Elibron Classics series.

ISBN 0-543-94814-5 (paperback)
ISBN 0-543-94813-7 (hardcover)

This Elibron Classics Replica Edition is an unabridged facsimile of the edition published in 1831 by F.G. Levrault, Paris.

TRAITÉ

D'ORNITHOLOGIE.

STRASBOURG, IMPRIMERIE DE F. G. LEVRAULT,
RUE DES JUIFS, N.° 33.

TRAITÉ
D'ORNITHOLOGIE,

OU

TABLEAU MÉTHODIQUE

DES ORDRES, SOUS-ORDRES, FAMILLES, TRIBUS, GENRES, SOUS-GENRES ET RACES D'OISEAUX.

OUVRAGE ENTIÈREMENT NEUF,

FORMANT LE CATALOGUE LE PLUS COMPLET DES ESPÈCES RÉUNIES DANS LES COLLECTIONS PUBLIQUES DE LA FRANCE.

PAR R. P. LESSON,

Professeur d'histoire naturelle à l'école de médecine navale du port de Rochefort; Membre correspondant de l'Académie royale de médecine; Chevalier de l'ordre royal de la Légion d'honneur; Membre titulaire ou correspondant des Académies royales ou sociétés libres, d'histoire naturelle et de chimie médicale de Paris; sciences, arts et littérature, philomatique et linnéenne de Bordeaux; sciences et belles-lettres de La Rochelle; de médecine et d'agriculture d'Évreux; linnéenne de Caen; sciences et littérature de Rochefort, etc.

Planches.

PARIS,

Chez F. G. LEVRAULT, rue de la Harpe, n.° 81,

STRASBOURG, même Maison, rue des Juifs, n.° 33;

BRUXELLES, Librairie parisienne, rue de la Magdeleine, n.° 438.

1831.

AVERTISSEMENT

DE L'AUTEUR.

L'ATLAS du Traité d'ornithologie se compose de cent vingt-neuf planches, dans lesquelles sont figurés des exemples de la presque-totalité des genres. Nos lecteurs trouveront peut-être par leur classement une anomalie assez grande dans le rapprochement de certains genres et de certaines espèces; mais ils voudront bien se rappeler que ces planches font partie de la belle suite de figures consacrées au Dictionnaire des sciences naturelles, et que M. Dumont de Sainte-Croix, l'auteur de la partie ornithologique de cette encyclopédie, avait dirigé et classé d'après l'édition de 1817, du Règne animal. Or, en créant une méthode que nous croyons très-naturelle, en groupant les planches mises à notre disposition dans l'ordre nécessité par notre travail, il nous a été impossible d'éviter certaines transpositions qui tiennent aux plan-

ches elles-mêmes, faites dans l'esprit d'un autre ouvrage. Mais par le moyen de la table suivante, de la synonymie qui l'accompagne, et des renvois aux pages, et même aux numéros d'espèces, cet Atlas n'offrira aucune incommodité pour l'étude, et sera ainsi rectifié dans ce qu'il offre de défectueux en apparence.

Observations. Les caractères romains sont affectés aux noms français des oiseaux gravés sur les planches ; le nom latin en petites capitales indique le nom du genre positivement adopté dans l'ouvrage, et les mots en italique, la synonymie d'un auteur ou le nom trivial de l'espèce.

TABLE

DES PLANCHES.

Planches.			Pages.
1	1.	Autruche de l'ancien continent; STRUTHIO *camelus*.	4
	2.	Pied de l'Autruche d'Amérique, ou Nandou; RHEA *americana*.	6
2	1.	Casoar à casque; CASUARIUS *emeu*.	7
	2.	Tête du Casoar de la Nouvelle-Hollande; DROMAIUS *ater*.	9
3	1.	Buzard à sourcils blancs; CIRCUS *superciliosus*.	87
	2.	Messager, SERPENTARIUS *cristatus*.	16
4	1.	Sariama; MICRODACTYLUS *cristatus*.	17
	2.	Coure-vite; CURSORIUS *isabellinus*, esp. 1.	529
5	1.	Roi des Vautours; SARCORAMPHUS *papa*.	26
	2.	Vautour brun; VULTUR *arrianus*.	21
6	1.	Percnoptère d'Égypte; NEOPHRON *percnopterus*.	29
	2.	Læmmer-Geyer, PHENE *gigantea*.	30
7		Condor ou Grand Vautour des Andes; SARCORAMPHUS *condor*.	25
8	1.	Aigle commun; AQUILA *regia*.	36
	2.	Pygargue; HALIÆTUS *nisus*.	40
9	1.	Balbuzard; PANDION *fluvialis*.	45
	2.	Caracara, CARACARA *vulgaris*.	34
10		Aigle destructeur; HARPYIA *ferox*.	50
11	1.	Grande Harpie d'Amérique; HARPYIA *ferox*.	50
	2.	Petit Aigle de la Guiane; MORPHNUS *cristatus*.	51
12	1.	Autour de la Nouvelle-Hollande; DÆDALION *candidum*.	66
	2.	Épervier brun moucheté; NISUS *pensylvaticus*.	59
13	1.	Huppart; MORPHNUS *occipitalis*.	54
	2.	Petit Autour de Cayenne; CYMINDIS *cayanensis*.	55
14	1.	Milan parasite; MILVUS *parasiticus*.	71
	2.	Élanier ou Milan de la Caroline; NAUCLERUS *furcatus*.	73
15	1.	Bondrée huppée de Java; PERNIS *cristata*.	76
	2.	Buse à queue blanche; BUTEO *albicauda*.	81
16	1.	Faucon ordinaire; FALCO *communis*.	88
	2.	Gerfaut; HIEROFALCO *candicans*.	97
17	1.	Grand-Duc; BUBO *europæus*.	115
	2.	Chat-Huant; SYRNIUM *aluco*.	113

Planches.		Pages.
18	1. Ara tricolore ; Macrocercus *tricolor*, esp. 17.	186
	2. Cacatoes Banksien ; Banksianus *australis*, esp. 1.	180
19	1. Perroquet noir à trompe ; Microglossum *ater*, esp. 9.	184
	2. Perruche ingambe; Pezoporus *terrestris*, esp. 82.	206
20	1. Coucal noirou ; Centropus *nigrorufus*, esp. 1.	135
	2. Courol Vouroudriou ; Leptosomus *viridis*, esp. 1.	134
21	1. Coucou d'Europe; Cuculus *canorus*, esp. 1.	146
	2. Coua huppé de Madagascar; Coccyzus *cristatus*, esp. 4.	139
	3. Bec du Tacco ; Saurothera *vetula*, esp. 1.	144
22	1. Petit indicateur ; Indicator *minor*, esp. 2.	155
	2. Barbacou à bec rouge ; Monasa *tranquilla*, esp. 1.	157
23	1. Scythrops de la Nouvelle-Hollande ; Scythrops *Novæ Hollandiæ*.	128
	2. Malcoha rouverdin ; Melias *viridis*, esp. 2.	131
24	1. Barbu à gorge noire ; Bucco *niger*, esp. 2.	160
	2. Tamatia noir et blanc ; Tamatia *melanoleucus*, esp. 1.	167
	3. Bec du barbu barbican ; Pogonias *major*, esp. 1.	159
25	1. Aracari à ceinture rouge ; Pteroglossus *aracari*, esp. 2.	174
	2. Toucan toco ; Ramphastos toco, esp. 1.	170
26	1. Ani des Savannes ou Petit Ani ; Crotophaga *ani*, esp. 2.	130
	2. Couroucou à ventre jaune ; Trogon *viridis*, esp. 3.	119
27	1. Jacamar à queue rousse ; Galbula *ruficauda*, esp. 2.	233
	2. Jacamerops Jacamarici ; Jacamerops *grandis*, esp. 6.	234
28	1. Pic vert ; Picus *viridis*, esp. 2.	218
	2. Torcol d'Europe ; Yunx *torquilla*, esp. 1.	231
29	1. Alcyon vintsi ; Alcedo *cristata*, esp. 11.	243
	2. Alcyon inédit de la Nouvelle-Hollande ; Alcedo *Liru*, esp. 13.	243
30	1. Guépier commun ; Merops *apiaster*, esp. 1.	237
	2. Motmot à tête bleue ; Prionites *momota*, esp. 1.	251
31	Calao rhinoceros ; Buceros *Rhinocèros*, esp. 13.	255
32	1. Todier vert ; Todus *viridis*, esp. 1.	250
	2. Platyrhynque brun ; Platyrhynchus *cancromus*, esp. 1.	383
33	1. Podarge gris ; Podargus *Cuvieri*, esp. 1.	263
	2. Engoulevent d'Europe ; Caprimulgus *europæus*, esp. 1.	265
34	1. Martinet commun ; Cypsèlus *murarius*, esp. 1.	267
	2. Hirondelle des fenêtres ; Hirundo *urbica*, esp. 1.	268
35	1. Corbeau commun ; Corvus *corax*, esp. 2.	328
	2. Pie d'Europe ; Pica *vulgaris*, esp. 6.	331
36	1. Geai d'Europe ; Garrulus *glandarius*, esp. 1.	333
	2. Casse noix ordinaire ; Nucifraga *guttata*.	334
37	1. Oiseau de paradis rouge ; Paradisæa *rubra*, esp. 3.	336
	2. Mainate de Java ; Mainatus *sumatranus*, esp. 1.	357
38	1. Merle commun ; Turdus *merula*, esp. 12.	408
	2. Loriot d'Europe ; Oriolus *galbula*, esp. 1.	404
39	1. Gralline noire et blanche ; Grallina *melanoleuca*, esp. 1.	398

Planches.			Pages.
	2.	Cincle, ou Merle d'eau; CINCLUS : *Turdus cinclus*, esp. 1.	398
40	1.	Drongo à rames; EDOLIUS *malabaricus*, esp. 2.	380
	2.	Martin brame; PASTOR : *Turdus pagodarum*, esp. 5.	403
41	1.	Choucas chauve; GYMNOCEPHALUS *capucinus*.	359
	2.	Céphaloptère orné du Brésil; CEPHALOPTERUS *ornatus*.	361
42	1.	Tyran à ventre jaune; TYRANNUS : *Lanius tyrannus*, esp. 10.	382
	2.	Schet roux du Sénégal; MUSCICAPA *paradisi*, esp. 31.	386
43	1.	Fourmiller à oreilles blanches; CONOPAPHAGA *leucotes*, esp. 93.	393
	2.	Gobe-Mouche à ventre rouge de la Nouv.-Hollande; MUSCICAPA *erythrogaster*, esp. 65 *bis*.	390
44	1.	Pie-Grièche Geoffroy; PRIONOPS *Geoffroyi*.	377
	2.	Langrayen à lignes blanches; OCYPTERUS *albovittatus*, esp. 5.	371
45	1.	Pie-Grièche commune; LANIUS *excubitor*, esp. 7.	373
	2.	Pie-Grièche lunulée; TARABA *lunulatus*, esp. 3.	375
46	1.	Choucari violet; KITTA *holosericea*, esp. 1.	350
	2.	Béthyle Pie; BETHYLUS *picatus*.	343
47	1.	Cassican à queue étagée; BARITA *anaphonensis*, esp. 2.	345
	2.	Bécarde grise; PSARIS *cayanus*, esp. 1.	378
48	1.	Pique-Bœuf d'Afrique; BUPHAGA *rufescens*, esp. 1.	405
	2.	Glaucope cendré; GLAUCOPIS *cinerea*.	341
49	1.	Rollier commun; CORRACIAS *garrula*, esp. 1.	353
	2.	Rolle de Madagascar; COLARIS *violaceus*, esp. 2.	356
50	1.	Eurylaime corydon; EURYLAIMUS *corydon*, esp. 2.	216
	2.	Coq-de-Roche, ou Rupicole vert; RUPICOLA *viridis*, esp. 3.	259
51	1.	Manakin tijé; PIPRA *pareola*, esp. 1.	257
	2.	Rupicole orange, ou Coq-de-Roche; RUPICOLA *aurantia*, esp. 1.	259
52	1.	Procnias à gorge nue et caronculée; AVERANO *carnobarba*.	365
	2.	Philédon moine; TROPIDORHYNCHUS : *Merops monachus*, esp. 4.	401
53	1.	Tangara diable enrhumé; TANAGRA *mexicana*, esp. 14.	461
	2.	Tangara palmiste; TACHYPHONUS : *Turdus palmarum*, esp. 41.	463
54	1.	Tangara Cardinal du Canada; PYRANGA *rubra*, esp. 60.	465
	2.	Tangara ramphocèle Jacapa; TANAGRA *Jacapa*, esp. 64.	466
55	1.	Tangara euphone chlorotique; TANAGRA *chlorotica*, esp. 6.	460
	2.	Grand Tangara de la Guiane; SALTATOR : *Tanagra magna*, esp. 55.	465
56	1.	Cotinga cordon bleu; AMPELIS *cotinga*, esp. 4.	364
	2.	Jaseur de Bohème; BOMBYCILLA *garrula*, esp. 1.	367
57	1.	Coliou à dos blanc; COLIUS *leuconotus*, esp. 2.	453
	2.	Dur-Bec rouge; CORYTHUS : *Loxia enucleator*, esp. 1.	452
58	1.	Bruant commun; EMBERIZA *citrinella*, esp. 1.	436
	2.	Passerine à cou noir; PASSERINA *colaris*, esp. 9.	436
59	1.	Veuve à épaulettes; VIDUA *longicauda*, esp. 1.	437
	2.	Gros-Bec commun; COCCOTHRAUSTES : *Loxia coccothraustes*, esp. 9.	447 449
	3.	Bec du Phytotome; PHYTOTOMA *rara*.	450

Planches.			Pages.
60	1.	Pinçon commun ; Fringilla *montifringilla*, esp. 1.	440
	2.	Chardonneret commun ; Carduelis : *Fringilla carduelis*, esp. 1.	442
61	1.	Bouvreuil ordinaire ; Loxia *pyrrhula*, esp. 1.	449
	2.	Bec-Croisé commun; Crucirostra : *Loxia crucirostra*, esp. 1.	451
62	1.	Moineau friquet; Fringilla *montana*, esp. 5.	439
	2.	Tisserin républicain ; Ploceus *abyssinica*, esp. 2.	434
63	1.	Cassique huppé ; Cassicus : *Oriolus cristatus*, esp. 2.	432
	2.	Troupiale à queue étagée ; Quiscalus : *Oriolus caudatus*, esp. 32.	432
64	1.	Carouge Jacamacii ; Icterus : *Oriolus Jacamacii*, esp. 4.	429
	2.	Pit-Pit bleu ; Dacnis : *Motacilla cayana*, esp. 2.	458
65	1.	Étourneau commun ; Sturnus *vulgaris*, esp. 1.	427
	2.	Sittelle commune, ou Torchepot ; Sitta *europæa*, esp. 1.	316
66	1.	Mésange bleue ; Parus *cæruleus*, esp. 11.	456
	2.	Alouette cochevis ; Alauda *cristata*, esp. 10.	425
67	1.	Fauvette subalpine ; Sylvia *subalpina*, esp. 16.	417
	2.	Mérion natté ; Amytis *textilis*, esp. 1.	454
68	1.	Traquet commun ; Saxicola : *Motacilla œnanthe*, esp. 1.	413
	2.	Rouge-Gorge à dos bleu ; Rubecula : *Motacilla sialis*, esp. 2.	416
69	1.	Rossignol commun ; Curruca : *Motacilla luscinia*, esp. 4.	416
	2.	Pégot des Alpes ; Accentor *alpinus*, esp. 1.	420
70	1.	Troglodyte d'Europe ; Troglodytes : *Motacilla troglod.*, esp. 4.	400
	2.	Roitelet huppé ; Regulus : *Motacilla regulus*, esp. 1.	421
71	1.	Hoche-Queue lavandière ; Motacilla *alba*, esp. 1.	422
	2.	Farlouze pipi ; Anthus *arboreus*, esp. 2.	423
72	1.	Grimpereau d'Europe ; Certhia *familiaris*.	311
	2.	Picucule de Cayenne ; Dendrocolaptes *communis*, esp. 1.	312
73	1.	Promerops, ou Épimaque à parement frisés ; Epimachus *superbus*, esp. 3.	321
	2.	Huppe commune ; Upupa *epops*, esp. 1.	323
	3.	Bec du Crave d'Europe ; Fregilus *europæus*.	324
74	1.	Épimaque promefil ; Epimachus *magnificus*, esp. 2.	321
	2.	Synallaxe du Chili ; Synallaxis *Tupinieri*, esp. 8.	319
75	1.	Fournier Lesson ; Furnarius *chilensis*, esp. 4.	307
	2.	Sucrier des Antilles ; Nectarinia *antillensis*, esp. 1.	304
76	1.	Héorotaire écarlate ; Mellithreptus *vestiarius*.	300
	2.	Souï-manga à plastron rouge ; Cinnyris *senegalensis*, esp. 13.	295
77	1.	Guit-Guit noir et bleu ; Cæreba *cyanea*, esp. 1.	305
	2.	Échelet ou Grimpereau de muraille ; Tichodroma *phœnicoptera*.	310
78	1.	Colibri topaze ; Trochilus *pella*, esp. 1.	288
	2.	Oiseau-Mouche à long bec ; Ornismya *superba*, esp. 28.	278
79	1.	Touraco louri ; Corythaix *persa*, esp. 1.	123
	2.	Musophage violet ; Musophaga violacea, esp. 1.	125
80	1.	Colombar, ou Pigeon d'Abyssinie ; Vinago : *Columba abyssinica*, esp. 81.	476

Planches.			Pages.
	2.	Coura, ou Pigeon couronné des Indes; Lophyrus : *Columba coronata*, esp. 85.	476
81	1.	Hocco Mitou; Crax *alector*, esp. 2.	484
	2.	Peintade commune; Numida *meleagris*, esp. 1.	497
82	1.	Paon domestique; Pavo *cristatus*, esp. 1.	486.
	2.	Dindon domestique; Gallo-Pavo *primus*, esp. 1.	490
83	1.	Coq ordinaire; Gallus *gallorum*, esp. 1.	491
	2.	Faisan doré; Phasianus *pictus*, esp. 5.	495
84		Faisan Argus, ou Luen; Argus *pavoninus*, esp. 1.	488
85		Monaul resplendissant; Impeyanus *refulgens*, esp. 1.	488
86	1.	Rouloul de Malacca; Cryptonix *coronata*, esp. 1.	499
	2.	Turnix à bandeau noir; Hemipodius *nigrifrons*, esp. 6.	510
87	1.	Mégapode, ou Tavon huppé; Megapodius *Duperreyi*, esp. 3.	478
	2.	Francolin criard, Francolinus *clamosus*, esp. 1.	504
88		Ménure lyre; Mœnura *Novæ Hollandiæ*, esp. 1.	478
89	1.	Tinamou du Brésil; Tinamus *brasiliensis*, esp. 2.	512
	2.	Grand Tétras; Tetrao *umbellus*, esp. 6.	500
90	1.	Caille nattée; Coturnix *textilis*, esp. 38.	509
	2.	Perdrix rouge; Perdix : *Tetrao rufus*, esp. 17.	506
91	1.	Agami; Psophia *crepitans*, esp. 1.	527
	2.	Grue couronnée; Balearica : *Anthropoides pavonina*, esp. 11.	588
92	1.	Kamichi cornu; Palamedea *cornuta*, esp. 1.	521
	2.	Jacana commun; Parra *Jacana*, esp. 1.	538
93	1.	Grande Outarde; Otis *tarda*, esp. 17.	529
	2.	Pluvier à collier; Charadrius *hiaticula*, esp. 3.	544
94	1.	Tourne pierre, ou Coulon chaud; Strepsilas : *Tringa interpres*, esp. 1.	561
	2.	Œdicnème à longs pieds; Œdicnemus *longipes*, esp. 1.	546
95	1.	Vanneau commun; Vanellus *cristatus*, esp. 1.	542
	2.	Huîtrier; Ostralega *europæa*, esp. 1.	548
96	1.	Ombrette; Scopus *umbretta*, esp. 1.	597
	2.	Bec-ouvert; Anastomus *coromandelianus*, ésp. 1.	581
97	1.	Héron commun; Ardea *major*, esp. 37.	575
	2.	Savacou; Cancroma *cochlearia*, esp. 1.	578
98	1.	Cigogne blanche; Ciconia *alba*, esp. 1.	580
	2.	Jabiru; Mycteria *americana*, esp. 3.	583
99	1.	Spatule rose; Platalea *ajaja*, esp. 3.	579
	2.	Tantale d'Afrique; Tantalus *ibis*, esp. 2.	582
100	1.	Ibis sacré; Ibis *religiosa*, esp. 15.	568
	2.	Courlis d'Europe; Numenius *arcuatus*, esp. 1.	565
101	1.	Bécasse ordinaire; Rusticola *europæa*, esp. 1.	555
	2.	Barge commune; Limosa *melanura*, esp. 1.	554
102	1.	Rhynchée de Madagascar; Rhynchæa *capensis*, esp. 1.	549
	2.	Caurale d'Amérique; Helias *phalenoides*.	570

Planches.		Pages.
103	1. Maubèche grise; TRINGA *islandica*, esp. 1.	558
	2. Combattant; MACHETES : TRINGA *pugnax*, esp. 1.	560
104	1. Échasse à manteau noir; HIMANTOPUS *candidus*, esp. 1.	550
	2. Avocette à calotte noire; RECURVIROSTRA *avocetta*, esp. 1.	591
105	1. Hydrogalline, ou Poule d'eau commune; GALLINULA *chloropus*, esp. 1.	534
	2. Talève, ou Poule sultane ordinaire; PORPHYRIO *hyacinthinus*, esp. 1.	533
106	1. Râle d'eau d'Europe; RALLUS *aquaticus*, esp. 2.	535
	2. Foulque morelle; FULICA *atra*, esp. 1.	632
107	1. Phalarope roux; PHALAROPUS *fulicarius*, esp. 1.	562
	2. Héliorne, ou Grèbe-Foulque; HELIORNIS *surinamensis*, esp. 1.	596
108	1. Glaréole perdrix; GLAREOLA *torquata*, esp. 1.	540
	2. Flammant commun; PHOENICOPTERUS *ruber*, esp. 1.	589
109	1. Céréopsis cendré; CEREOPSIS *Novæ Hollandiæ*.	627
	2. Coléoramphe blanc, ou Bec en fourreau; CHIONIS *alba*, esp. 1.	521
110	1. Grèbe cornu; PODICEPS *cornutus*, esp. 2.	594
	2. Grand plongeon; COLYMBUS *glacialis*, esp. 1.	637
	A. Pied du Guillemot; URIA : *Colymbus troile*, esp. 2.	638
111	1. Pétrel damier; PROCELLARIA *capensis*, esp. 5.	611
	2. Stercoraire parasite; LESTRIS : *larus parasiticus*, esp. 2.	616
112	1. Albatros commun; DIOMEDÆA *exulans*, esp. 1.	609
	2. Goëland à manteau gris; LARUS *argentatus*, esp. 8.	617
113	1. Bec en ciseaux; RHYNCOPS *nigra*, esp. 1.	623
	2. Pierre-Garin; STERNA *hirundo*, esp. 6.	621
114	1. Paille-en-queue, ou Phaëton; PHAETON *phænicurus*, esp. 2.	625
	2. Anhinga; PLOTUS *Melanogaster*, esp. 1.	599
115	1. Frégate ordinaire; TACHYPETES *Aquila*, esp. 1.	606
	2. Grand Cormoran; CARBO *cormoranus*, esp. 10.	605
116	1. Pélican blanc; PELECANUS *onocrotalus*, esp. 1.	602
	2. Fou de Bassan; SULA *alba*, esp. 1.	600
117	1. Cygne noir; CYGNUS *ater*, esp. 1.	629
	2. Oie sauvage; ANSER *ferus*, esp. 14.	628
118	1. Canard ordinaire; ANAS *boschas*, esp. 60.	634
	2. Harle huppé; MERGUS *serrator*, esp. 4.	635
119	1. Pingouin commun; ALCA *torda*, esp. 2.	642
	A. Bec du Macareux; FRATERCULA *arctica*, esp. 2.	642
	2. Grand Manchot; APTENODYTES *patagonica*, esp. 1.	643
	A. Bec du Sphénisque; SPHENISCUS; APTENODYTES *patagonica*, esp. 1.	644
	B. Bec du Gorfou; CATARRHACTES *chrysocoma*, esp. 1.	644

Pretre pinx.t *Turpin direx.t* *Guyard sculp.t*

1. *AUTRUCHE* de l'ancien continent. (*Struthio.*)

2. Pied *de* *L'AUTRUCHE* d'Amérique *ou* nandou (*Rhea.*)

Pretre pinx. Turpin direx. Guyard sculp.

1. *CASOAR* à casquè, *de l'ancien continent.*

2. Tète *du CASOAR* de la Nouvelle Hollande.

2.a. *Extrémité de l'aile, armée de son piquant.* 2.b. *Plume du dos.* 2.c. *Idem du croupion.* 2.d. *Id. du dos d'un jeune* casoar.

Pretre pinx! Turpin direx! Guyard sculp.

1. *BUZARDS*. le *B*. à sourcils blancs.

2. *MESSAGERS*. le Messager.

Pretre pinx.t Turpin direx.t M.e Massard sculp.t

1. CARIAMA.

2. COURE-VITE.

Pretre pinx. Turpin direx. Coutant sculp.

VAUTOURS { 1 le Roi des Vautours.
2 le Vautour *brun*.

Pretre pinx.t *Turpin direx.t* *Coutant sculp.t*

VAUTOURS {
1 *PERCNOPTÈRES* le Percnoptère *d'Egypte*.
2 *GRIFFONS* le Lœmmer geyer.

Prêtre pinx.t Turpin direx.t Massard sculp.t

CONDOR ou GR.D VAUTOUR des Andes.

Pretre pinx.t *Turpin direx.t* *Coutant sculp.*

AIGLES { 1 *AIGLES* l'Aigle *commun.*
2 *AIGLES pêcheurs* le Pygargue.

Pretre pinx.t *Turpin direx.t* *Coutant sculp.*

AIGLES. { 1 *BALBUZARDS*. le Balbuzard.
2 *CARACARAS*. le Caracara.

Prêtre pinx.t Turpin direx.t Massard sculp.t

AIGLE destructeur. a. Tête vue de profil.

1

2

Pretre pinx.t Turpin direx.t Coutant sculp.t

AIGLES. { 1 *HARPIES.* la grande harpie *d'Amérique.*
2 *AIGLES AUTOURS.* le petit aigle *de la Guiane.*

Pretre pinx.t Turpin direx.t Coutant sculp.t

1. *AUTOURS*. l'Autour de la nouvelle hollande.

2. *EPERVIERS*. l'Epervier brun moucheté.

Prêtre pinx.t Turpin direx.t Coutant sculp.t

AIGLES. { 1 *AIGLES AUTOURS À TARSES EMPLUMÉS*. le huppart.
2 *CYMINDIS*. le petit autour *de Cayenne*.

Pretre pinx.t Turpin direx.t Guyard sculp.

MILANS. { 1. PROPREM.T DITS Milan parasite.
2. ELANIERS. El. ou milan de la Caroline.

Pretre pinx.t *Turpin direx.t* *Guyard sculp.*

BUSES. { 1. *BONDRÉES.* Bondrée huppée, *de Java.*
2. *PROPREM.T DITES* Buse à queue blanche.

ORNITHOLOGIE. Pl. 16.

Pretre pinx.t Turpin direx.t Coutant sculp.t

1. *FAUCONS*. le Faucon ordinaire.

2. *GERFAULTS*. le Gerfault.

Prêtre pinx.t Turpin direx.t Guyard sculp.t

CHOUETTES { 1. A AIGRETTES. Grand Duc.
2. SANS AIGRETTES. Chat-Huant.

a. Bec du Grand Duc, vu de profil, de grandeur nat.elle

Prêtre pinx.t Turpin direx.t Guyard sculp.t

PERROQUETS. { 1. *ARA* tricolore.
2. *KAKATOÈS* banksien.

Prêtre pinx.t Turpin direx.t Guyard sculp.t

PERROQUETS.
1. *PERROQUET NOIR* à trompe.
a *Le bec ouvert et laissant voir la langue.*
2. *PERRUCHE* ingambe.

Pretre pinx.t Turpin direx.t Guyard sculp.t

COUCOUS. { 1. *COUCALS*. Coucal *noirou*. (*Mâle*.)
2. *COUROLS*. Courol *vouroudriou*. (*Mâle*.) }

Pretre pinx. Turpin direx. Guyard sculp.

COUCOUS. 1. PROPREMENT-DITS. Coucou d'Europe.
2. COUAS. Coua huppé de Madagascar. 3. Bec du Tacco.

Pretre pinx.t Turpin direx.t Guyard sculp.t

COUCOUS. { 1. *INDICATEURS*. *Petit* indicateur.
2. *BARBACOUS*. barbacou *à bec rouge*.

Pretre pinx.t Turpin direx.t Guyard sculp.t

COUCOUS. { 1. *SCYTHROPS*. Scythrope *de la Nouv.le Hollande*.
2. *MALCOHAS*. Malcoha *rouverdin*. }

Prêtre pinx.t Turpin direx.t Rebel sculp.t

1. *BARBU* à gorge noire.

2. *TAMATIA* noir et blanc.

3. *Bec du* Barbu *Barbican*.

Prêtre pinx.t Turpin direx.t Bouré sculp.t

1. *ARACARI* à ceinture rouge.

2. *TOUCAN* Toco.

Prêtre pinx.t Turpin direx.t Massard sculp.t

1. *ANI* des savanes *ou petit* Ani.

2. *COUROUCOU* à ventre jaune.

Prêtre pinx.t *Turpin direx.t* *Massard sculp.t*

1. *JACAMAR* à queue rousse.

2. *JACAMEROPS* jacamarici.

Prêtre pinx.t Turpin direx.t Rebel sculp.t

1. PIC vert.

2. TORCOL d'Europe.

Pretre pinx.t Turpin direx.t Coutant sculp.t

ALCYONS TÉTRADACTYLES. { 1. HUPPÉS. l'alcyon Vintsi.
2. SANS HUPPES. alcyon inédit de la Nelle hollande.

Pretre pinx.t Turpin direx.t Massard sculp.t

1. *GUÊPIER* commun.

2. *MOMOT* à tête bleue.

Pretre pinx.t Turpin direx.t Massard sculp.t

CALAO rhinocéros.

Prêtre pinx.t Turpin direx.t Giraud sculp.t

1. *TODIER* vert. 1.a. *Bec vu en dessus.*

2. *PLATYRHYNQUE* brun. 2.a. *Bec vu en dessus.*

Prêtre pinx.t Turpin direx.t M. Bourey sculp.t

1. *PODARGE* gris.

1.a. *Bec vu de face.* 1.b. *Mandibule supérieure, vue en dessus.* 1.c. *Ongle détaché.*

2. *ENGOULEVENT* d'Europe.

2.a. *Mandibule supérieure, vue en dessus.* 2.b. *Ongle du milieu dentelé.*

Prêtre pinx.t Turpin direx.t Massard sculp.t

1. *MARTINET* commun.

2. *HIRONDELLE* des fenêtres.

Pretre pinx. Turpin direx. Massard sculp.

1. CORBEAU commun.

2. PIE d'Europe.

Pretre pinx.t Turpin direx.t Rebel sculp.t

1. *GEAI* d'Europe.

2. *CASSENOIX* ordinaire.

Prêtre pinx.t Turpin direx.t Massard sculp.t

1. *OISEAU DE PARADIS* rouge.

2. *MAINATE* de Java.

Prêtre pinx.t Turpin direx.t Massard sculp.t

1. MERLE commun.

2. LORIOT d'Europe.

1. GRALLINE noire et blanche.

2. CINCLE ou MERLE D'EAU.

Prêtre pinx.t Turpin direx.t M.e Massard sculp.t

1. *DRONGO* à rames.

2. *MARTIN* brame.

Pretre pinx.t *Turpin direx.t* *Guyard sculp.*

1. *GYMNOCÉPHALES* le Choucas chauve.

2. *CÉPHALOPTÈRES.* Céphaloptère orné *du bresil.*

Pretre pinx.t Turpin direx.t Guyard sculp

1. *TYRANS*. le *T.* à ventre jaune.

2. *MOUCHEROLLES*. le Schet roux du Sénégal.

Pretre pinx.t Turpin direx.t Guyard sculp.

1. MOUCHEROLLES À QUEUE COURTE. le Fourmillier à oreilles blanches.

2. GOBE-MOUCHES. le G.M. à Ventre rouge de la nouvelle hollande.

Prêtre pinx.t Turpin direx.t Guyard sculp.t

PIE-GRIÈCHES. { 1. A BEC DROIT, GRÊLE. Pie-grièche *geoffroy*.
2. HIRONDELLES. Langrayen *à ligne blanche*.

Prêtre pinx.t Turpin direx.t Guyard sculp.t

PIE-GRIÈCHES. { 1. PROPREMENT DITES. Pie-grièche *commune*.
2. A BEC DROIT, RENFLÉ. Pie-grièche *lunulée*.

Prêtre pinx.t Turpin direx.t Guyard sculp.t

PIE-GRIÈCHES. 1. CHOUCARIS. Choucari *violet (mâle)*
2. BETHYLES. Bethyle *pie*

Prêtre pinx.t Turpin direx.t Guyard sculp.t

1. *CASSICAN* à queue étagée.

2. *BÉCARDE* grise.

Pretre pinx.t Turpin direx.t M.e Rebel sculp.t

1. *PIQUE-BŒUF* d'Afrique.

2. *GLAUCOPE* cendré.

Prêtre pinx. Turpin direx. Massard sculp.

1. *ROLLIER* commun.

2. *ROLLE* de Madagascar.

1.a. *Bec vu de face 1/2 Grand. nat.* 2.a. *Bec vu de face 1/2 Grand. nat.*

Prêtre pinx.t *Turpin pinx.t* *Massard sculp.t*

1. *EURYLAIME* Corydon. 1.a. *Bec vu en dessus.*

2. *COQ* de roche *ou* *RUPICOLE* vert. 2.a. *Bec vu de profil.*

Prêtre pinx.t Turpin direx.t Massard sculp.t

1. MANAKIN tijé.

2. RUPICOLE orange ou COQ DE ROCHE.

Prêtre pinx.t *Turpin direx.t* *Massard sculp.t*

1. *PROCNIAS* à gorge nue *et* caronculée. 1.a *Bec vu en dessus.*

2. *PHILÉDON* moine.

Pretre pinx.t Turpin direx.t Guyard sculp.

TANGARAS. { *TANGARAS PROPREM.T DITS*. 1 le Diable enrhumé
TANGARAS LORIOTS. 2 le Palmiste.

Pretre pinx.t Turpin direx.t Guyard sculp.

TANGARAS. { 1. *CARDINALS. T. C.* du Canada.
2. *RAMPHOCÈLE.* le Jacapa.

Pretre pinx.t *Turpin direx.t* *Guyard sculp.t*

TANGARAS. { *TANGARAS EUPHONES.* 1 le Chlorotique.
TANGARAS GROS BECS. 2 le G.d Tan.a *de la Guiane.*

Prêtre pinx.t Turpin direx.t Massard sculp.t

1. *COTINGA* cordon bleu.

2. *JASEUR* de Bohême.

Pretre pinx.t Turpin direx.t M.e Rebel sculp.t

1. COLIOU à dos blanc.

2. DURBEC rouge.

1.a Pied de grand. nat.

Pretre pinx.t Turpin direx.t M. Bourey sculp.t

1. BRUANT commun.

2. PASSERINE à cou noir.

Prêtre pinx.t Turpin direx.t Guyard sculp.t

1. VEUVE à épaulettes.

2. GROS-BEC commun.

3. Bec du Phytotome.

Pretre pinx.t Turpin direx.t Massard sculp.t

1. *PINSON* commun.

2. *CHARDONNERET* commun.

Prêtre pinx.t *Turpin direx.t* *Massard sculp.t*

1. *BOUVREUIL* ordinaire.

2. *BEC-CROISÉ* commun.

Prêtre pinx.t Turpin direx.t Massard sculp.t

1. *MOINEAU* friquet.

2. *TISSERIN* républicain.

Prêtre pinx.t Turpin direx.t Massard sculp.t

1. *CASSIQUE* huppé. 1.a. *Bec vu en dessus.*

2. *TROUPIALE* à queue étagée. 2.a. *Bec vu en dessus.*

Prêtre pinx.t Turpin direx.t Massard sculp.t

1. *CAROUGE* jamacaii.

2. *PIT-PIT* bleu.

Prêtre pinx.t Turpin direx.t Guyard sculp.t

1. ÉTOURNEAU commun.

2. SITTELLE commune ou torchepot.

Pretre pinx.t Turpin direx.t Massard sculp.t

1. MÉSANGE bleue.

2. ALOUETTE cochevis.

Prêtre pinx.t *Turpin direx.t* *Massard sculp.t*

1. *FAUVETTE* subalpine. (*mâle.*)

2. *MÉRION* natté.

Pretre pinx.t Turpin direx.t Massard sculp.t

1. *TRAQUET* commun.

2. *ROUGE-GORGE* à dos bleu.

Pretre pinx.t Turpin direx.t Massard sculp.t

1. *ROSSIGNOL* commun.

2. *PÉGOT* des Alpes.

Prêtre pinx.t Turpin direx.t M.e Rebel sculp.t

1. TROGLODYTE d'Europe.

2. ROITELET huppé.

Prêtre pinx.t Turpin direx.t M.e Rebel sculp.t

1. *HOCHEQUEUE* lavandière.

2. *FARLOUSE* pipi.

Pretre pinx.t Turpin direx.t Rebel sculp.t

1. GRIMPEREAU d'Europe.

2. PICUCULE de Cayenne.

2.a. *Pied de grandeur naturelle.*

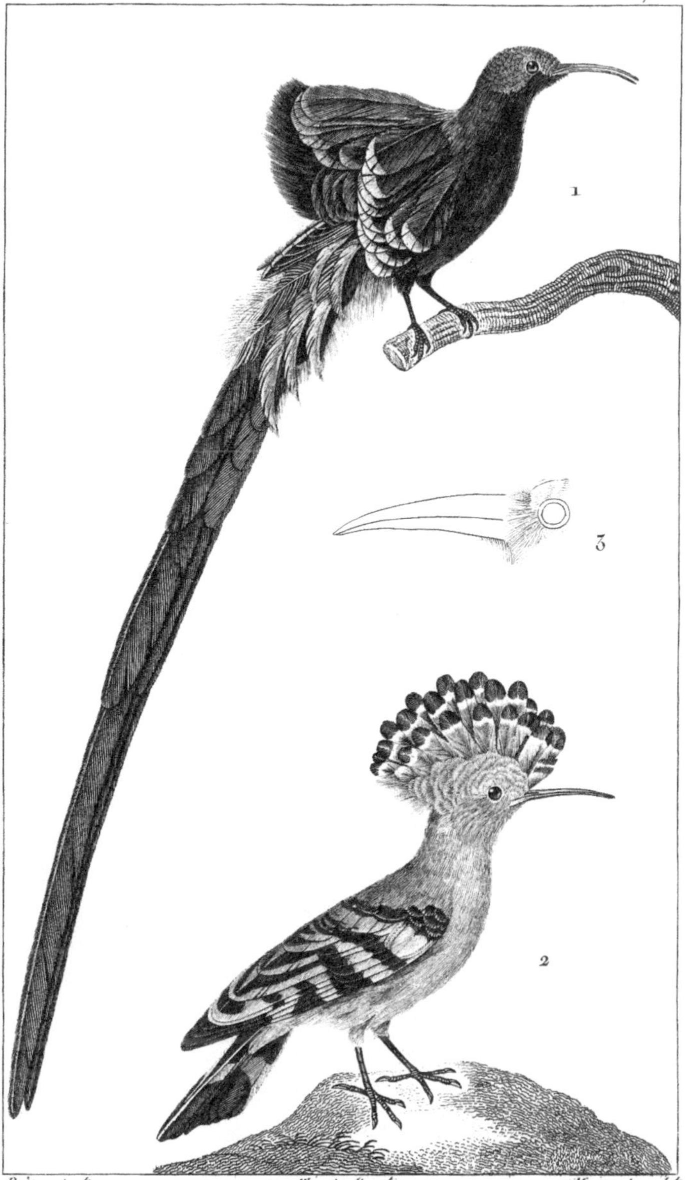

Prêtre pinx.t Turpin direx.t Massard sculp.t

1. *PROMÉROPS ou EPIMAQUE* à paremens frisés.

2. *HUPPE* commune. 3. *Bec de* Crave *d'Europe*.

Prêtre pinx.t Turpin direx.t Massard sculp.t

1. *EPIMAQUE* proméfil.

2. *SYNALLAXE* du Chili.

Prêtre pinx.t Turpin direx.t Massard sculp.t

1. *FOURNIER* Lesson.

2. *SUCRIER* des Antilles.

Prêtre pinx.t Turpin direx.t Giraud sculp.t

1. *HÉOROTAIRE* écarlate.

2. *SOUI-MANGA* à plastron rouge.

Prêtre pinx. Turpin direx. Bouré sculp.

1. *GUIT-GUIT* noir et bleu.

2. *ECHELET* ou *GRIMPEREAU* de muraille.

Prêtre pinx.t Turpin direx.t Massard sculp.t

1. *COLIBRI* topaze.

2. *OISEAU-MOUCHE* à long-bec.

1. 2.

Pretre pinx.t Turpin direx.t Massard sculp.t

1. *TOURACO* louri.

2. *MUSOPHAGE* violet.

Prêtre pinx.t Turpin direx.t Mc Massard sculp.t

1. *COLOMBAR* ou Pigeon d'Abyssinie.

2. *GOURA* ou Pigeon couronné des Indes.

Pretre pinx.t Turpin direx.t Guyard sculp.t

1. HOCCOS. Hocco mitou.

2. PEINTADES. Peintade commune.

Pretre pinx.t Turpin direx.t Guyard sculp.t

1. *PAONS*. Paon *domestique*.

2. *DINDONS*. Dindon *domestique*.

Pretre pinx.t Turpin direx.t Guyard sculp.t

1. COQS. Coq ordinaire.

2. FAISANS. Faisan doré.

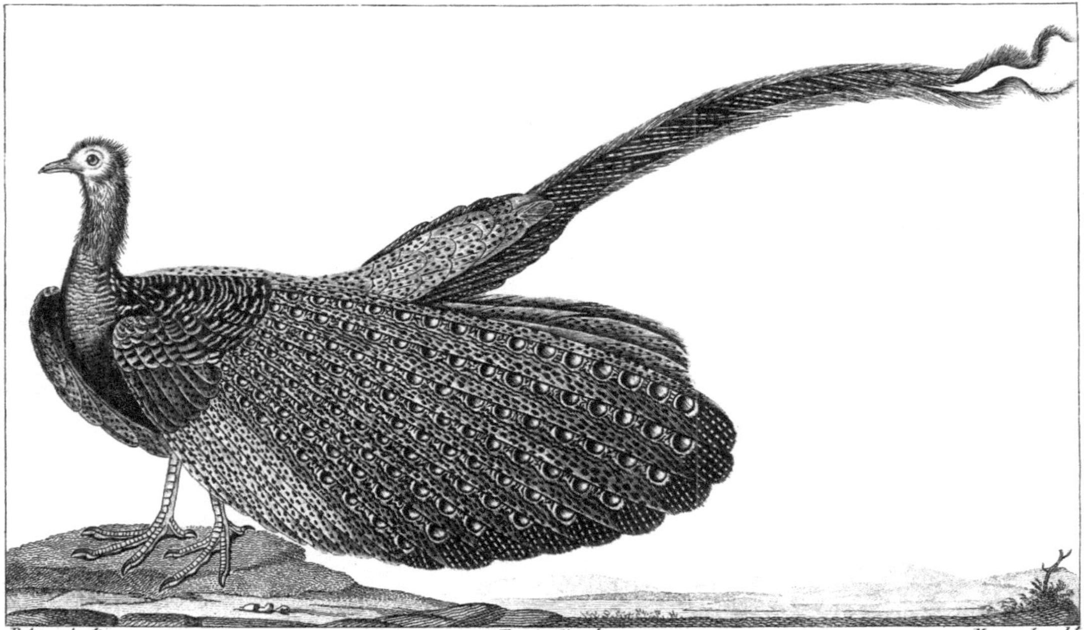

Prêtre pinx.t *Turpin direx.t* *Massard sculp.t*

FAISAN ARGUS ou LUEN.

Prêtre pinx.t *Turpin direx.t* *Massard sculp.t*

MONAUL resplendissant.

Pretre pinx.t Turpin direx.t M.e Massard sculp.t

1. *ROULOUL* de Malacca.

2. *TURNIX* à bandeau noir.

Prêtre pinx.t Turpin direx.t Massard sculp.t

1. *MÉGAPODE ou TAVON* huppé.

2. *FRANCOLIN* criard.

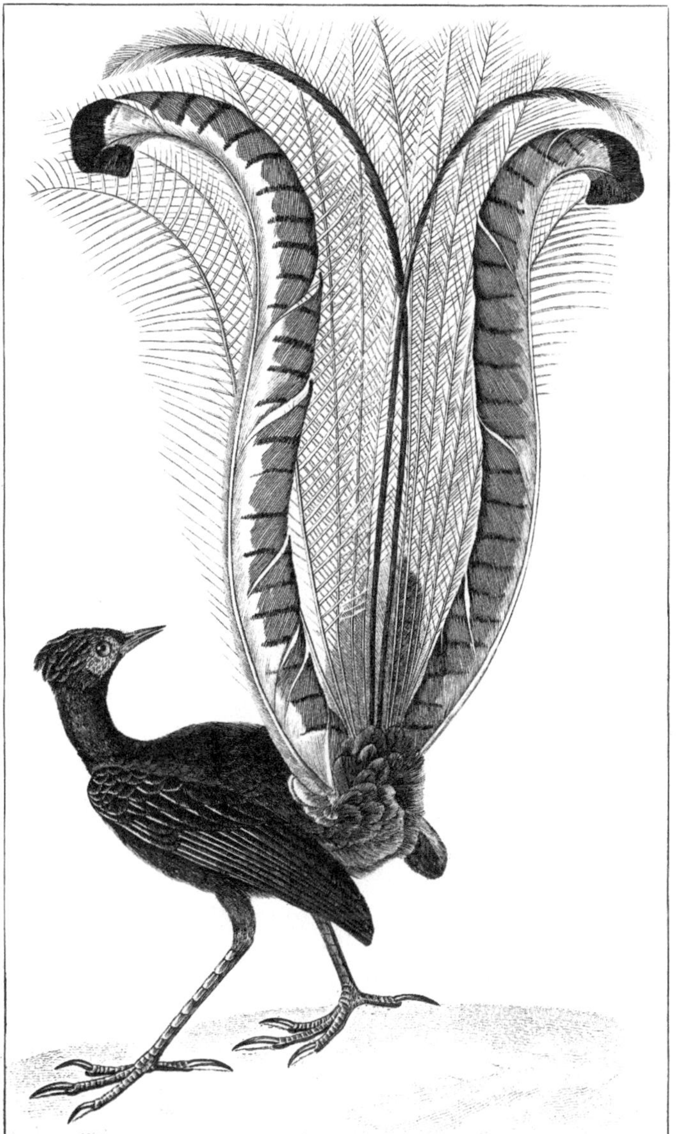

Prêtre pinx.t Turpin direx.t Massard sculp.t

MÉNURE lyre.

Pretre pinx. *Turpin direx.* *Guyard sculp.*

1. *TINAMOUS.* Tinamou du Brésil.

2. *TÉTRAS.* Grand Tétras.

Prêtre pinx.t *Turpin direx.t* *Massard sculp.t*

1. *CAILLE* nattée. *(mâle.)*

2. *PERDRIX* rouge.

Pretre pinx.t Turpin pinx.t Coutant sculp.

GRUES. { 1 *AGAMIS*. l'Agami.
2 *GRUES À BEC COURT*. la Grue *couronnée*.

Pretre pinx.t Turpin direx.t Massard sculp.t

1. *KAMICHI* cornu.

2. *JACANA* commun.

Pretre pinx.t Turpin direx.t Plée sculp.t

1. *GRANDE OUTARDE.*

2. *PLUVIER* à collier.

3. *Bec de l'œdicnème.*

Prêtre pinx.t Turpin direx.t M.e Massard sculp.t

1. TOURNE-PIERRE ou Coulon-chaud.

2. ŒDICNÈME à longs pieds.

Pretre pinx.t Turpin direx.t Plée sculp.t

1. *VANNEAU* commun.

2. *HUITRIER*.

Pretre pinx.t Turpin direx.t M.lle Coignet sculp.t

1. OMBRETTE.

2. BEC-OUVERT.

Pretre pinx.t Turpin direx.t M.e Massard sculp.t

1. HÉRON commun.

2. SAVACOU.

Pretre pinx.t Turpin direx.t M.elle Coignet sculp.t

1. *CIGOGNE* blanche.

2. *JABIRU*.

Pretre pinx.t Turpin direx.t Massard sculp.t

1. *SPATULE* rose.

2. *TANTALE* d'Afrique.

Pretre pinx.t Turpin direx.t Massard sculp.t

1. IBIS sacré.

2. COURLIS d'Europe.

Pretre pinx.t Turpin direx.t M.elle Coignet sculp.t

1. *BÉCASSE* ordinaire.

2. *BARGE* commune.

Pretre pinx.t Turpin direx.t Massard sculp.t

1. *RHYNCHÉE* de Madagascar.

2. *CAURALE* d'Amérique.

Prêtre pinx.t Turpin direx.t Massard sculp.t

1. *MAUBÈCHE* grise.

2. *COMBATTANT*

Pretre pinx.t Turpin direx.t Massard sculp.t

1. *ÉCHASSE* à manteau noir.

2. *AVOCETTE* à calotte noire.

Prêtre pinx.t *Turpin direx.t* *M.e Massard sculp.t*

1. ***HYDROGALLINE*** *ou* Poule d'eau *commune*.

2. ***TALEVE*** *ou* Poule Sultane *ordinaire*.

Pretre pinx.t Turpin direx.t Massard sculp.t

1. *RALE-D'EAU* d'Europe.

2. *FOULQUE* morelle.

Prêtre pinx.t Turpin direx.t M.e Massard sculp.t

1. *PHALAROPE* roux.

2. *HÉLIORNE* ou Grèbe-foulque.

Pretre pinx.t Turpin direx.t Rebel sculp.t

1. *GLARÉOLE* perdrix.

2. *FLAMMANT* commun.

Prêtre pinx.t Turpin direx.t Massard sculp.t

1. *CÉRÉOPS* cendré.

2. *COLÉORAMPHE* blanc *ou* bec en fourreau.

Pretre pinx.t Turpin direx.t Coutant sculp.t

1. GRÈBE cornu.

2. GRAND PLONGEON. a. Pied de Guillemot.

Pretre pinx.t Turpin direx.t Massard sculp.t

1. *PÉTREL* damier. 1.a. *Bec* (*3/4 Grand. nat.*)

2. *STERCORAIRE* parasite. 2.a. *Bec* (*1/2 Grand. nat.*)

Pretre pinx.t Turpin direx.t Coutant sculp.t

1. ALBATROS. l'albatros commun (jeune.)

2. GOÉLANDS. le goéland à manteau gris.

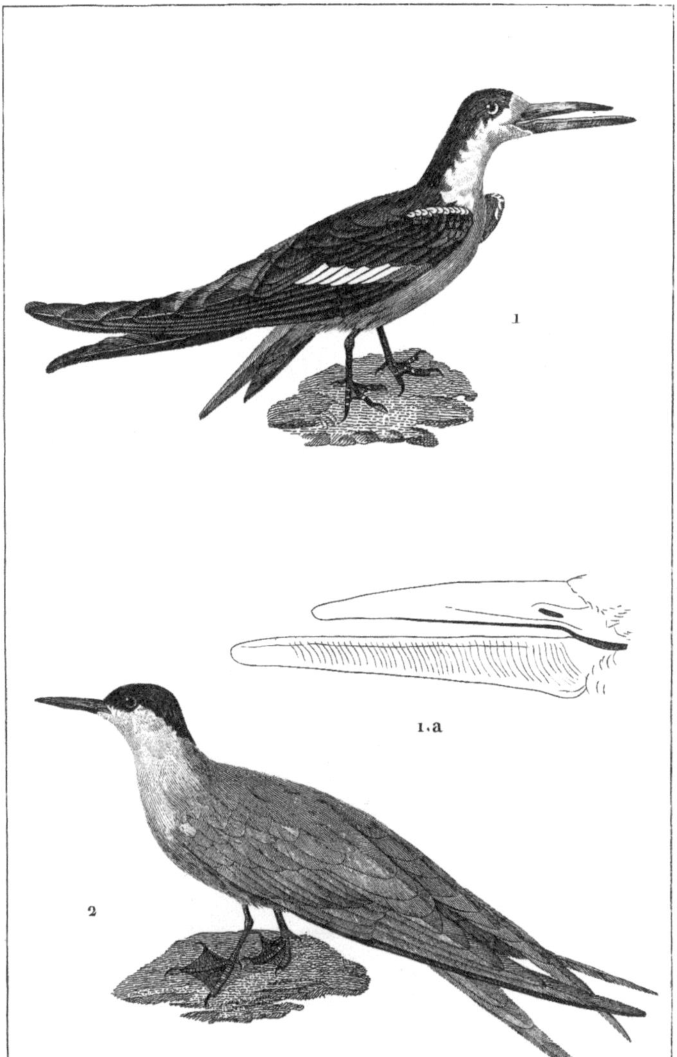

Pretre pinx.t Turpin direx.t Massard sculp.t

1. *BEC-EN-CISEAUX* 1.a. *Bec.* (½ Grand. nat.)

2. *STERNE* Pierre-Garin.

Prêtre pinx.t *Turpin direx.t* *V. Plée fils sculp.t*

1. **PAILLE-EN-QUEUE** *ou* **PHAETON.**

2. **ANHINGA.** 2.a *Bec.* (1/3 de Grand. nat.)

Prêtre pinx.t Turpin direx.t M.e Massard sculp.t

1. *FRÉGATE* ordinaire.

2. *GRAND CORMORAN.*

Pretre pinx.t Turpin direx.t Massard sculp.t

1. *PÉLICAN* blanc.

2. *FOU* de Bassan. 2.a. *Bec. (1/2 Grand. nat.)*

Pretre pinx.t Turpin direx.t Massard sculp.t

1. CYGNE noir.

2. OIE sauvage.

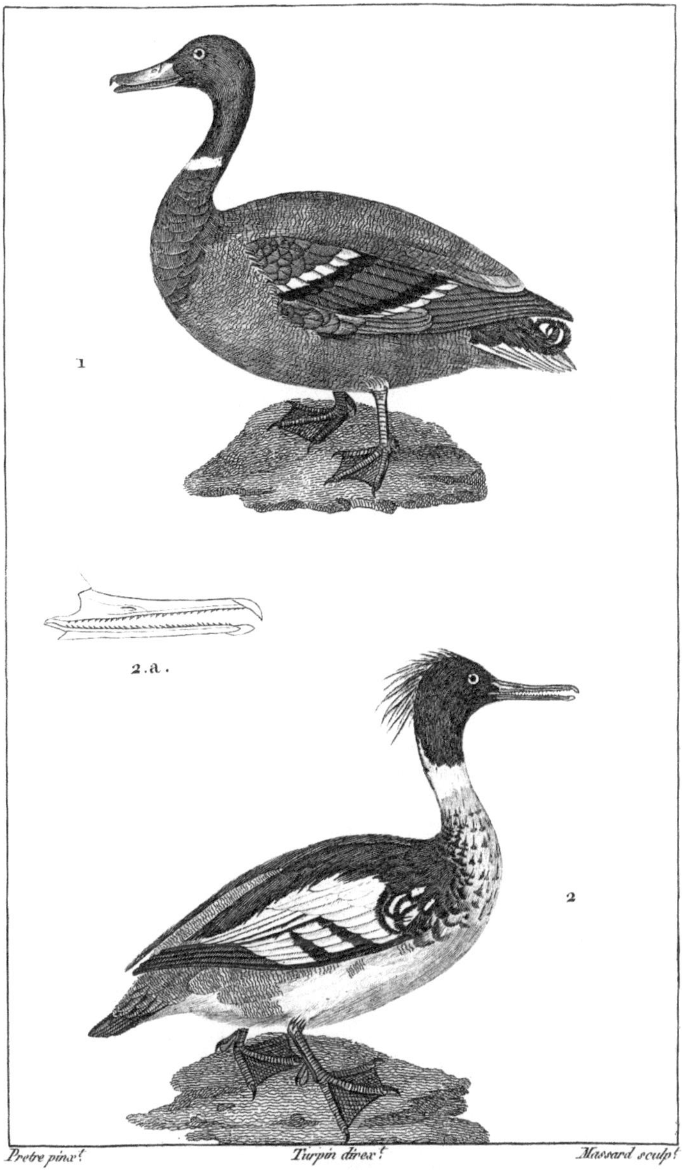

Pretre pinx.t *Turpin direx.t* *Massard sculp.t*

1. *CANARD* ordinaire. *(mâle.)*

2. *HARLE* huppé. 2.a *Bec.(½ Grand. nat.)*

Pretre pinx.t *Turpin direx.t* *Coutant sculp.t*

1. *PINGOUIN* commun. a. *Bec de* macareux.

2. *GRAND MANCHOT.* { a. *Bec de* sphénisque. b. *Bec de* gorfou.

Made in United States
Troutdale, OR
11/03/2026

56844509R00146